外来生物はなぜこわい？
水辺の外来生物

小宮 輝之 監修　阿部 浩志　丸山 貴史 著　向田 智也 イラスト

ミネルヴァ書房

はじめに

環境省は2017年7月、「ヒアリの国内における確認状況」として、「刺されると、アルカロイド系の毒によって非常に激しい痛みを覚え、水疱状に腫れる。毒に対するアレルギー反応（アナフィラキシーショック）を引き起こす場合があり、北米だけでも年間で1500件近く起こっている」と、注意をよびかけました。となると、日本じゅうで、「ヒアリだ！ にげろ！」なんてことになってもしかたありません。

ヒアリってなに？　「ヒ」はアリの種類？

ヒアリとは「火蟻」と書きます。英語では、fire（火）ant（アリ）です。南アメリカ大陸原産のこのアリは毒と強力な針をもっていて、さされると、体質によっては死亡することもあるため、「殺人アリ」とよばれることもあるのです。でも、多くの人たちは、ヒアリについてほとんど知らないで、ただこわい、たいへんなことになった、とさわいでいるようです。それではまずいですね。

なにごとでもそうですが、心配なことになったとき、たださわぐのではなく、正しい知識をもって冷静に対応しなければならないのは、いうまでもありませんね。

ヒアリは「外来生物」で、しかも「侵略的外来生物」だといわれています。「外来」「侵略的」とは、いったいどういう意味でしょうか？

このシリーズ「外来生物はなぜこわい？」は、ヒアリをはじめとするさまざまな外来生物（動物も植物も）について、みなさんにしっかりした知識をもってもらおうとつくりました。

編集にあたっては、いろいろな言葉の意味を解説するだけでなく、外来生物の図鑑とするのでもなく、「外来生物」とよばれるものと、わたしたち人類との根本的な関係や、地球・自然との関係などについても、ほり下げて考えてもらえるように工夫しました。

なお、本シリーズは、つぎの3巻で構成してあります。

❶ **外来生物ってなに？**
❷ **陸の外来生物**
❸ **水辺の外来生物**

もくじ

- はじめに 2
- 01 水辺で見られる外来生物 4
- 02 水辺の生態系をこわすブラックバス 6
- 03 環境を破壊する外来魚 8
- 04 どこにでも入りこむアメリカザリガニ 10
- 05 池や水路をおおうボタンウキクサ 12
- 06 かわりゆく田んぼやため池 14
- 07 小さなミドリガメが大きなカメに！ 16
- 08 毛皮を取るために連れてこられたヌートリア ... 18
- 09 ほかの地域のホタルを放してはだめ！ 20
- もっとくわしく！ 定着した外来生物を「かいぼり」によって根絶 ... 22
- 10 外来生物のホンビノスガイを利用 24
- 11 わたしたちにできること 26
- 12 世界的に問題になっている外来生物 28
- さくいん 31

● この本のつかいかた ●

外来生物のイメージをよりよく理解できるように、イラストや写真で表現。

ワンポイント情報
それぞれのページのテーマに関連した情報を、写真と文とでわかりやすく紹介。

もっとくわしく！
よりくわしい内容や、関連したテーマを、写真やイラストとともにていねいに解説。

3

01 水辺で見られる外来生物

水辺の環境には、川や池、湖、沼、田んぼ、海など、いろいろなものがあります。また、そこでくらしている生きものも、魚だけではなく、カエル、エビ、昆虫などさまざまです。

人間が意図的にもちこんだもの

水中でくらす生きものの場合、自力でほかの川や池に移動することはなかなかできません。そのため、水辺の外来生物のほとんどは、人間がどこかから運んできたものです。

そして、定着してしまった外来生物は、人間の手によって別の水辺へと放流され、さらに分布を広げることもあります。

ブルーギル
オオクチバス（ブラックバス）
ヌートリア
スクミリンゴガイ（ジャンボタニシ）

にげ場のない環境

また、田んぼやため池のような環境はせまいうえに、ほかの川や池につながっていないので、にげ場があまりありません。そのため、わずかな数の外来生物が入ってきただけでも、そこでもともとくらしていた生きものが食べつくされてしまうことがあるのです。

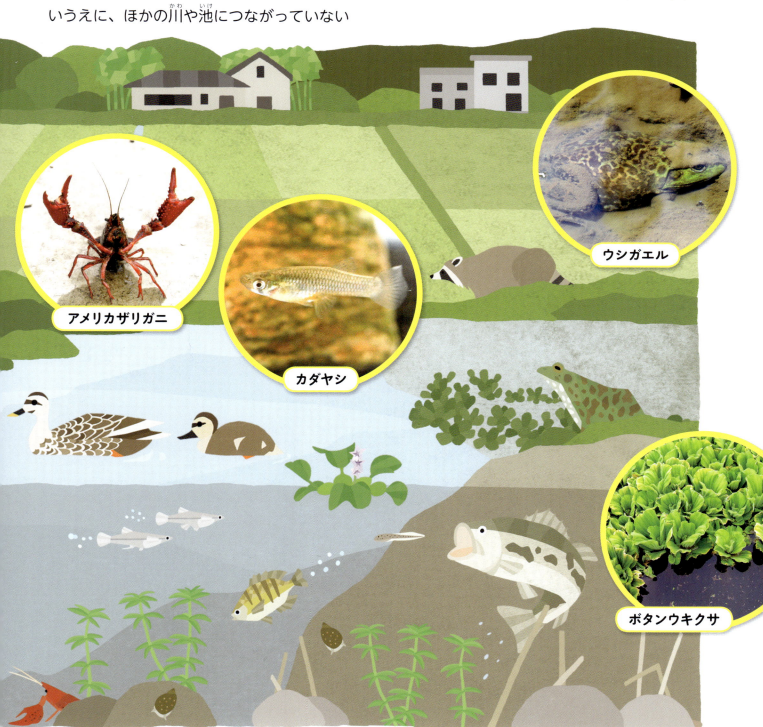

アメリカザリガニ
カダヤシ
ウシガエル
ボタンウキクサ

02 水辺の生態系をこわすブラックバス

日本の水辺で最も大きな問題になっている外来生物は、おそらくブラックバスでしょう。食欲おうせいなブラックバスが入ってくると、そこでくらす生きものの種類が少なくなり、環境がかわってしまうのです。

食用としてもちこまれた

ブラックバスというのは、アメリカからもちこまれたオオクチバスやコクチバスの総称で、1種の魚の名前ではありません。これらはもともと食用や釣りの対象魚でした。1925年にはじめてオオクチバスが神奈川県の芦ノ湖に放流されました。それが、しだいにほかの池や湖へ移入され、現在は47都道府県すべてで生息が確認されています。

在来生物を食べてふえる

ブラックバスは、自分の体の大きさの半分くらいまでの獲物なら、魚やエビ、昆虫など、だいたいなんでも食べてしまいます。そのため、ブラックバスが生息するところでは在来生物がすがたを消してしまい、生物多様性[*1]が低くなることも少なくありません。そのため、ブラックバス（オオクチバス、コクチバス）は特定外来生物[*2]に指定されています。

オスは、メスがうんだ卵や、卵からふ化したばかりの子ども（仔魚）を敵から守る。

外来生物だからこその問題

　日本にもナマズなど肉食の魚はいますが、ほかの生きものが食いつくされることはありません。これは、獲物となる生きものたちが長い年月をかけて、天敵から身を守る手段などを身につけたからでしょう。

　ところが、ブラックバスのような外来生物は、ある日とつぜんやってきたものなので、在来生物は対抗する手段を発達させる前に食いつくされてしまうのです。

コクチバス。オオクチバスとくらべ、水温の低いところや流れが急なところにも適応するため、川の上流域にもすむ。

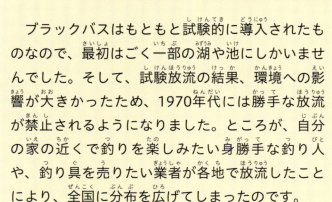

オオクチバス。ほぼ日本全国の平地から山地の池や湖、川の中・下流域にすむ。

ワンポイント情報

マナーのない釣り人や業者が分布拡大を手助けした!?

　ブラックバスはもともと試験的に導入されたものなので、最初はごく一部の湖や池にしかいませんでした。そして、試験放流の結果、環境への影響が大きかったため、1970年代には勝手な放流が禁止されるようになりました。ところが、自分の家の近くで釣りを楽しみたい身勝手な釣り人や、釣り具を売りたい業者が各地で放流したことにより、全国に分布を広げてしまったのです。

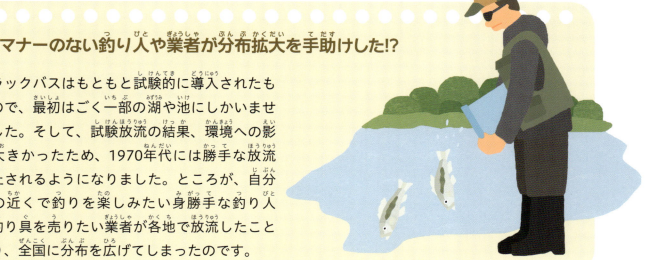

*1 生きものとそのまわりの環境までふくめた種類の豊富さのこと。生物多様性には、生態系の多様性、種の多様性、遺伝子の多様性の3つのレベルがある（→2巻p16・17）。
*2 外来生物のなかでもとくに問題となっているものや、これから問題となりそうなものは、「特定外来生物被害防止法」という法律で「特定外来生物」に指定されている（→1巻p28）。

03 環境を破壊する外来魚

日本の川や池で環境を破壊している外来魚は、ブラックバスのほかにもいろいろいます。これらはどれも、人間が食用や観賞用として輸入したものです。

ブラックバスより小型のブルーギル

ブラックバスと同じく、水辺の環境を破壊している外来魚がブルーギルです。もともとは1960年に明仁親王（平成の天皇陛下）がアメリカをおとずれた際に寄贈されたもので、アメリカでは食用にされていることから、日本でも食べられないかと研究施設で飼育されるようになりました。

しかしその後、いくつかの研究施設にゆずられたものがにげだしたり、マナーのない釣り人などによる放流によって、自然環境へも分布を広げていったのです。ブルーギルは小魚や水生昆虫を食べるほか、魚の卵を好んで食べます。そのため、ブラックバスにくらべると小型ですが、モツゴやハゼなど多くの在来魚を地域的な絶滅へと追いやっていることから、特定外来生物に指定されています。

- 大きさ：全長約25cm
- 本来の分布：北アメリカ東部
- とくちょう：水生昆虫やエビのほか、魚の卵を好んで食べる。日本全国の池や流れのゆるやかな川に生息。

■その他の外来魚

アリゲーターガー

最大3mまで成長するアメリカ原産の肉食性の魚。長い口に鋭い歯をもつワニのようなすがたが人気だが、飼いきれなくなって捨ててしまう人もいる。名古屋城のお堀など、一部の地域で捨てられたものが確認されているが、するどい歯でかみつかれれば、人間も大けがをしてしまう。

- 大きさ：全長最大3m
- 本来の分布：アメリカ南東部からメキシコ東部
- とくちょう：するどい歯をもつ肉食性の魚。魚やカメ、鳥や小型ほ乳類を食べる。

エジプトからやってきたナイルティラピア

ナイルティラピアは、1962年にエジプトから食用として輸入されました。世界各地で食用にされていて、タイやバングラデシュには日本から移入されています。ただし、日本ではあまり食用としての需要は高くありません。

ナイルティラピアは水のよごれや塩水には強いが、寒さには弱いため、野生化しているのは九州や沖縄県、東京都の小笠原諸島など暖かい地域や、北海道、静岡県の温泉地などです。在来生物と競合する可能性があるため、「生態系被害防止外来種リスト*1」の「その他の総合対策外来種」に指定されています。

- 大きさ：全長60cm
- 本来の分布：イスラエル・ナイル川水系・アフリカ西部
- とくちょう：成魚は主に植物プランクトンを食べる。仔魚*2を口の中で育てる。水温が10℃を下回るところには生息できない。

ワンポイント情報

ニジマスも外来生物

ニジマスは、1877年にアメリカから食用として輸入されました。ふ化から産卵まで淡水だけでかんたんに育てられ、しかもおいしいことから、養殖がさかんになりました。現在でも淡水魚のなかでは漁獲量が多く、食用魚として重要だといえます。

ところが、そんなニジマスも生態系被害防止外来種リストの産業管理外来種に指定されています。北海道では、放流されたものが一部で野生化していて、オショロコマやヤマメなどの在来魚のすみかをうばっています。たとえ人間の役に立つ外来生物であっても、自然環境への影響は最小限にしなければいけないのです。

タイリクバラタナゴ

1940年代にソウギョなどの稚魚*3が中国から輸入された際に、いっしょに入ってきてしまったと考えられている。日本在来のタナゴとのあいだに雑種をつくったり、生息環境をうばったりしてしまうことから問題となっている。

- 大きさ：全長約5cm
- 本来の分布：中国の揚子江系を中心にアジア大陸東部
- とくちょう：雑食性でプランクトンや藻類を食べる。日本全国の平地にある池や流れのゆるやかな川に生息。オスは繁殖期になると、体がバラ色に色づく。

カダヤシ

もともとは北アメリカ原産の淡水魚だが、日本へは1910年代に台湾から移入された。名前のとおり「カ（蚊）を絶やす」ほどボウフラをよく食べることから、カを駆除する目的で導入された。日本在来のメダカによく似たすがたで、生態も似ていることから、メダカの生息場所をうばっているため、特定外来生物に指定されている。

- 大きさ：全長メス約5cm、オス約3cm
- 本来の分布：北アメリカのミシシッピ川流域〜メキシコ北部
- とくちょう：雑食性。水に落ちた昆虫のほか、水中でくらすカの幼虫（ボウフラ）をよく食べる。福島県以南に広く分布。

---

*1 2015年より環境省と農林水産省が作成している、人間や環境に対して悪い影響をあたえる可能性のある外来生物のリスト。（→2巻p28）。
*2 卵からかえったばかりの魚の子ども。ひれの骨がそろう前の段階。
*3 ひれの骨はそろっているが、体の多くの部分が発育途中の魚の子ども。

04 どこにでも入りこむアメリカザリガニ

アメリカザリガニは淡水に生息するエビのなかまです。すがたがかっこよく、飼いやすいことから、ペットとして人気ですが、野生化したものはさまざまな環境に入りこんで問題を起こしています。

日本にすっかりなじんだアメリカザリガニ

アメリカザリガニは、ウシガエルのえさとして1927年にもちこまれたものです。しかし、養殖池からにげだしたものが野生化し、さらにそれを人間が各地に移動させたため、全国に分布を広げてしまいました。

その名前から、アメリカ原産の外来生物であることはよく知られていますが、現状ではすでに日本の環境にとけこんでいるようにも見えます。

アメリカザリガニの問題とは

アメリカザリガニは雑食性で、オタマジャクシや小さな魚、水生昆虫などのほか、水草やイネの苗のような植物もよく食べます。そのため、タガメやゲンゴロウ（→p15）など水辺の在来生物の数をへらしたり、農業への被害をもたらしたりしているのです。

しかも、アメリカザリガニは水のよごれに強く、陸上を移動することができるうえに、土の中にもぐって、寒さや乾燥から身を守ることもできます。また、アメリカザリガニの好む浅い水域では、大型の魚などの天敵が少なく、アメリカザリガニばかりがふえてしまい、種の多様性（→p7）が低くなっていることも多いのです。

アメリカザリガニは特定外来生物に指定されていないので、今でも飼育することは可能です。ただし、生態系被害防止外来種リストの緊急対策外来種には指定されていて、「入れない、捨てない、拡げない」（→2巻p26）の徹底がよびかけられています。

ワンポイント情報

食用だったウシガエル

ウシガエルは、1918年にアメリカから輸入された食用のカエルです。しかし、第二次世界大戦後しばらくたって、食べものにこまらなくなってくると、わざわざカエルを食べる人は少なくなり、養殖されていたウシガエルが大量に放されてしまいました。

現在、ウシガエルは日本に生息する最大のカエルで、口が大きくアメリカザリガニすら丸のみにするほどです。そのため、アメリカザリガニよりも在来生物への脅威は高く、2006年には特定外来生物に指定され、ウシガエルの放流や販売などはできなくなりました。

捕獲された大きなウシガエル。

水底を移動するアメリカザリガニ。

05 池や水路をおおうボタンウキクサ

水辺の環境をこわしているのは、動物ばかりではありません。外国の水草がふえてしまい、ほかの生きものがすみにくくなっている例もあります。

観賞用にもちこまれたボタンウキクサ

　ボタンウキクサは、南アフリカ原産の水草です。日本には1920年代に観賞用としてもちこまれ、ウォーターレタスという商品名でも売られていました。水面に浮くことから、上から見てもおもしろい水草として人気でしたが、栽培されていたものが流出し、野生化していったのです。

　当初は、寒さに弱いことから、ふえていたのは主に沖縄県や東京都の小笠原諸島など暖かい地域でした。ところが、冬でも水温がそれほど下がらない、工場などから温かい排水が流れこむ場所に入りこむことにより、1990年代以降は関東地方でも分布を広げています。

ボタンウキクサが水面をおおうと、水中でくらす生きものに悪影響をあたえるおそれがある。

レタスによく似た葉のつき方をするボタンウキクサ。

水面をおおってしまうボタンウキクサ

ボタンウキクサは水面に浮かぶタイプの水草なので、ふえすぎると水面をおおってしまいます。すると、水中に太陽の光がとどかなくなり、光合成ができなくなった水草や植物プランクトンが死んでしまうのです。ほかにも、水面がおおわれることで水中に酸素がとけにくくなる、冬に大量のボタンウキクサがかれると川底にヘドロとしてたまって水質が悪くなる、といった問題もあります。

こうしたことから、2006年にボタンウキクサは特定外来生物に指定され、栽培や販売が禁止となりました。

ワンポイント情報

水底で繁殖するオオカナダモ

南アメリカ原産のオオカナダモは、1910年代に実験用として輸入された水草で、今でも中学校の理科の実験などでつかわれています。ところが、こちらも捨てられたものが野生化して、問題を起こしているのです。

オオカナダモは流れのゆるい川や池を好み、水底に根を張ってふえていきます。そのため、せまい水路などでふえると根元にどろをためこんでしまい、水の流れを悪くしたり、船の走行をさまたげたりしてしまうのです。

また、在来生物のクロモなど、同じように水底に根を張るタイプの水草と競合し、追いやってしまうといった問題も起きています。

水面上に白い3弁の花を咲かせるオオカナダモ。

大阪府の淀川に発生したボタンウキクサ。

06 かわりゆく田んぼやため池

お米をつくる田んぼや、そこへ流す水をためておくため池は、人間がつくった環境です。しかし、日本人が稲作をはじめて以来、そこは在来生物のすみかにもなってきました。

食用にならなかったスクミリンゴガイ

南アメリカのラプラタ川原産のスクミリンゴガイは、田んぼや人里の水辺で見られる平均殻高*1 5cmほどの大きな巻貝です。グループはちがうものの、同じ巻貝で、田んぼでよく目にする在来生物のヒメタニシが殻高3.5cmほどなので、その大きな見た目からジャンボタニシともよばれます。

もともとスクミリンゴガイは、1981年に食用として台湾から長崎県と和歌山県にもちこまれたのが最初です。その後、各地に養殖場がつくられましたが、1984年に植物防疫法により検疫有害動物*2に指定されたのと、食べる人がふえなかったこともあり、野外に捨てられてしまったのです。

頭とあしを殻に入れ、ふたをしたスクミリンゴガイ。

在来生物のすみかとなってきた、日本の田んぼやため池。

*1 殻高：巻貝の殻の上端から下端までのいちばん長い直線距離。
*2 まん延した場合に、有用な植物に損害をあたえるおそれがある動物。

田んぼでイネを食べる

スクミリンゴガイは陸上で呼吸することもでき、流れのゆるやかな浅瀬を好んで生息します。とくに西日本の田んぼではよく見られ、イネやレンコンの葉を食べてしまうなど、農業に被害をあたえているのです。

さらに、スクミリンゴガイは、粒の大きいピンク色の卵をかためてうみます。この卵は見た目がグロテスクなだけでなく、毒があるため、ほかの生きものに食べられることがありません。このことが、スクミリンゴガイの数がふえやすい要因にもなっているようです。

ピンク色をしたスクミリンゴガイの卵のかたまり。スクミリンゴガイは、水中ではなく空気中に卵をうむ。

ワンポイント情報

水生昆虫がいなくなる？

田んぼやため池は水深が浅く、大型の魚が入りこみにくいため、水生昆虫にとってはくらしやすい環境だといえます。ところが、第二次世界大戦後に農薬の使用が広まると、水生昆虫はどんどんへっていきました。

それをさらに加速させているのが、アメリカザリガニやウシガエル、ブラックバスなどの外来生物です。これらは水生昆虫を食べてしまうだけでなく、水生昆虫の食べものもうばってしまいます。そのため、これらが1種でも入ってくると、大型の肉食性の水生昆虫であるゲンゴロウやタガメがすがたを消す要因のひとつになってしまうのです。

ゲンゴロウ。水中では、前ばねの下にためた空気で呼吸することができる甲虫のなかま。

タガメ。カメムシのなかまで、大きな前あしをつかって獲物を狩る水中のハンター。

07 小さなミドリガメが大きなカメに！

ミドリガメという小さなカメを知っているでしょうか。かつてはとても人気のあるペットでしたが、今後は輸入や飼育が禁止されてしまうかもしれません。

ミシシッピアカミミガメ（上）と、ミドリガメとよばれるその幼体（右）。

大きくなりすぎて捨てられる

　ミドリガメというのは、ミシシッピアカミミガメの子ガメ（幼体）の商品名です。甲羅の長さ3cm、体重8g程度と小さく、なんでもよく食べ、水のよごれにも強くて飼いやすいことから、1970年代には子どもたちに人気のペットとなりました。

　しかし、順調に成長すると、1年ちょっとで甲羅の長さが3倍以上、体重は30倍近くまで大きくなります。そして、大きなメスは甲羅の長さ28cm、体重2kgにもなり、最長30年も生きるのです。これくらい大きくなると、水槽もかなり大きいものが必要で、一般の家庭で飼うのがむずかしくなります。

　ほかにも、カメが長生きして、飼っていた子どもが大人になると興味をなくしてしまうなどの理由で、捨てられてしまう例があとを絶ちません。

ミドリガメは、縁日のカメすくいやペットショップで大人気だった。

日本各地で野生化している ミシシッピアカミミガメ

　飼いやすいということは、環境の変化に強く、都市部の公園にある池や町中を流れる川でもくらすことができるのです。しかも、日本の水辺にはワニなど大型の生きものがいないため、成長すると天敵らしいものがいなくなります。そのためミシシッピアカミミガメは、日本に生息する野生のカメの半数以上を占めるほど、数をふやしてしまったのです。

　ミシシッピアカミミガメは、在来生物のイシガメなどと競合してすみかをうばっているほか、レンコンなどの農作物に被害をあたえるといった問題を起こしています。そのため、輸入や飼育の禁止が検討されていますが、突然禁止してしまうと一斉に野外へ捨てられてしまう可能性が高いため、環境省では段階的に規制していく方針を打ちだしているのです。

岸に上がって甲羅干しをするミシシッピアカミミガメ。

ワンポイント情報

危険なカミツキガメ

　カミツキガメは、怪獣のような風貌からペットとして人気の高いカメですが、その大きさはミシシッピアカミミガメの比ではありません。甲羅の長さは約50cmにもなるため、ある程度まで大きくなると飼いきれなくなり、捨てられてしまうことが多いのです。

　現在のところ定着が確認されているのは、千葉県の印旛沼や静岡県の狩野川など一部ですが、東北から沖縄地方まで捕獲例は多数あります。

　カミツキガメは口が大きく力が強いため、魚やカエル、ヘビ、カメなど、たいていのものを食べてしまいます。また、水中では比較的おとなしいものの、陸に上がると攻撃的になり、人間にかみついてけがをさせた例もあります。こうしたことから、2005年には特定外来生物に指定され、輸入や飼育が規制されるようになりました。

あしをふんばり、口を開けて攻撃姿勢をとるカミツキガメ。

08 毛皮を取るために連れてこられたヌートリア

南アメリカ原産のヌートリアは、水辺でくらす大型のネズミのなかまです。本来の食べものは水草ですが、日本では農作物を食べるため、問題となっています。

毛皮の需要がなくなり捨てられる

　ヌートリアは水によくもぐるため、下毛が密集して生えていて、防寒性能が高くなっています。そのため、その良質な毛皮を軍用品につかう目的で1939年に日本に輸入され、さかんに養殖されていました。
　ところが、第二次世界大戦が終わると、軍用品の需要が激減し、ヌートリアの毛皮の価格が暴落してしまいます。そのため、採算の合わなくなった業者がヌートリアを野外に捨ててしまったのです。

農作物に被害をあたえる

　ヌートリアは流れのゆるやかな川や池のまわりに巣穴をほってくらし、水辺から遠くはなれることはありません。そのため、定着しているのはかつて養殖場のあった西日本のみですが、じわじわと分布を広げています。

　ヌートリアは草食性で、夕方や明け方になると水辺の近くを歩きまわって食べものをさがします。そのため、付近に田んぼや畑があると、イネをはじめとする農作物が食べられてしまうのです。また、長く入りくんだ巣穴をほることから、田んぼのあぜや川の堤防がもろくなってしまうなどの問題も起こします。

　こうしたことから2005年には特定外来生物に指定されて、駆除もおこなわれていますが、個体数はふえつづけています。

泳ぎがとくいなヌートリア。

ワンポイント情報

マスクラットも特定外来生物？

　北アメリカ原産のマスクラットも、水辺に生息するネズミのなかまです。戦前に毛皮を取る目的で、東京都の江戸川下流域周辺で養殖されていました。ところが、そこからにげだしたり、放されたりして野生化したものが、1947年に確認されています。

　マスクラットは、くらしぶりやすがたがヌートリアに似ていますが、ヌートリアより小型で、個体数も多くはありません。今までのところ、関東の一部（東京都、千葉県、埼玉県）で生息が確認されています。

マスクラットは頭胴長23〜33cmで、平たいしっぽをもつ。

ヌートリアは頭胴長（しっぽの長さをふくまない全長）43〜64cm、円筒状のしっぽをもつ。

09 ほかの地域のホタルを放してはだめ！

水辺でもっとも人気の高い昆虫はホタルでしょう。各地で幼虫や成虫が放されていますが、そこには問題もひそんでいます。同じ種類のホタルであっても、別の場所にいたものを放してはいけないのです。

お客さんをよぶためにホタルを放す

夏の夜をいろどるホタルは、人気の高い昆虫です。そのため、日本各地でホタルを利用したイベントが毎年おこなわれています。なかには、とてもホタルがくらせないような都市部で、イベントのためだけにつかい捨てのように成虫が放されていることもあります。また、もともとホタルが生息する場所であっても、イベントにきた人にたくさんの光るホタルを見せるために、他県の養殖販売業者から買ったホタルを放すこともあります。

ゲンジボタル。東日本と西日本で光る間かくがちがい、東日本はおよそ4秒に1回、西日本はおよそ2秒に1回明滅する。

ヘイケボタル。およそ1秒に1回明滅し、ゲンジボタルとくらべて光りはよわよわしい。

水中でくらすゲンジボタルの幼虫。

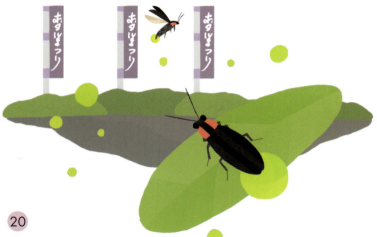

同じ種類でもちがいがある？

日本に生息しているホタルのうち、放虫がおこなわれているのは主にゲンジボタルとヘイケボタルの2種類です。しかし、同じゲンジボタルだからといって、日本全国どこでもまったく同じというわけではありません。くわしく調べてみると、地域によって遺伝子にちがいがあることがわかってきたのです。

そのため、別の地域のホタルを放してしまうと国内外来生物となり、もともとそこでくらしているホタルと交雑して遺伝子の多様性が失われてしまいます。ゲンジボタルの場合、東日本と西日本では発光パターンがことなることが知られています。そのため、発光パターンのことなるものを放してしまうと、混乱して交尾がうまくできない可能性もあるのです。

水辺を飛び交うゲンジボタルの光跡。

ワンポイント情報

ホタルのえさも外来生物？

ゲンジボタルの幼虫は、主にカワニナという淡水域にすむ巻貝の中身を食べて成長します。そのため、大量の幼虫を放すときには、幼虫のえさとなるカワニナもいっしょに放すことがあります。しかし、ゲンジボタルが生息する環境には、もともと在来のカワニナもくらしています。そのため、他県の養殖販売業者から買ってきたカワニナを放すと、国内外来生物をばらまくことになってしまいます。

また、形がカワニナに似ているコモチカワツボという外来生物の巻貝が、まちがってホタルのエサにつかわれている可能性があるといわれています。1990年に三重県で確認されて以来、コモチカワツボは日本各地に分布を広げています。コモチカワツボを食べたホタルの幼虫は羽化率が低く、成虫になったとしても、発光が悪いためにメスをよびよせられず、交尾ができにくくなるおそれがあると指摘されています。

コモチカワツボ

●コモチカワツボとカワニナの見わけ方

コモチカワツボ	カワニナの稚貝
突起がないものもある。／口が丸い。	口がひし形。

5mm

\ もっとくわしく！ /

定着した外来生物を「かいぼり」によって根絶

水辺の外来生物を駆除するために、積極的な取組がおこなわれています。ここでは、東京都の井の頭恩賜公園でおこなわれている「かいぼり」の例を見ていきましょう。

● 池の水をぬいているのはなぜ？

　井の頭恩賜公園では、冬の数か月のあいだ池の水をぬいて、そこにいる生きものをつかまえています。これは「かいぼり」といい、水をきれいにして本来の生態系を取りもどすためにおこなわれています。

　かいぼりでつかまえた生きものは、種類ごとに数をかぞえ、モツゴやニゴイ、ギンブナ、テナガエビなどの在来生物はあとでまた池にもどします。そして、オオクチバスやブルーギル、アメリカザリガニやミシシッピアカミミガメなどの外来生物は駆除するのです。

水位が下がり、池底が見えてきた井の頭池（弁天池）。

池にすむ生きものを追いこむ作業風景。

普及啓発コーナーで来園者へ外来生物を解説。

● 2回のかいぼりとその成果

　井の頭池のかいぼりは、2014年1月から3月と2015年11月から2016年3月の2回おこなわれています。1回目のかいぼりでは、約2万びきの生きものを捕獲し、そのうち外来生物の割合は83.8％でした。それが2回目には59.6％となり、2回のかいぼりで多くの外来生物を駆除しました。その結果、在来生物による生態系が回復しつつあります。また、かいぼり時にどろにもぐってしまうアメリカザリガニなどは、それ以外のときに（池に水があるときに）ワナを設置して捕獲しています。

　井の頭池では今後も数年に1回のペースでかいぼりを続け、外来生物を駆除するとともに、復活したイノカシラフラスコモをはじめとした、在来生物の水草を保全する取組をおこなっていくということです。

イノカシラフラスコモ。かいぼりの効果と、水草の生育を阻害するコイなどを駆除したため、イノカシラフラスコモをふくめ水草が再生した。

ワンポイント情報

「かいぼり」ってどういう意味？

　ため池やお堀の水をぬいて、底にたまったどろをほってかき出すことを「かいぼり」といいます。どろがたまりすぎると底が浅くなり、水をためられなくなるため、昔から定期的におこなわれていました。かいぼりをすると、底が深くなるだけでなく、水もきれいになるうえ、そこにくらしていた生きものもつかまえることができます。最近では、このかいぼりが外来生物を駆除するためにもおこなわれているのです。

10 外来生物のホンビノスガイを利用

外来生物だからといって、環境や人に被害を
あたえるばかりとはかぎりません。
日本の環境と調和し、人間に利益をもたらしている
例もあるのです。

船に乗ってやってきたホンビノスガイ

ホンビノスガイは北アメリカの東海岸に広く分布する二枚貝です。現地では食用としての人気が高く、クラムチャウダーなどにして食べられています。

日本では、1998年に千葉県の幕張にある人工海岸ではじめて見つかり、その後、東京湾と大阪湾で繁殖していることが確認されました。これは、船のバラスト水とともに運ばれて、定着したものと考えられています。

アメリカではクラムチャウダーの材料として重要な二枚貝。

ほかの貝と競合しない？

外来生物が定着すると、もともといた生物と競合するものですが、現在のところ在来生物への被害は確認されていません。その理由としては、ホンビノスガイが酸素の少ない環境を好むため、アサリなど在来の貝類と競合しにくいためだと考えられています。

ホンビノスガイは、ハマグリに似た味でおいしいため、2007年ごろからハマグリの代用品として食べられるようになりました。日本在来のハマグリは、千葉県では野生のものが絶滅するなど全国的に数をへらしていますが、ホンビノスガイの漁獲量は年ねんふえています。

漁獲されたホンビノスガイ。

それでも見守る必要はある

ホンビノスガイのように、外来生物のすべてが駆除の対象となるわけではありません。在来生物に悪い影響をあたえないようであれば、環境への影響を見守りながら、積極的に利用されることもあるのです。ホンビノスガイも、食用として利用されていますが、生態系被害防止外来種リスト（→p9）には掲載され、分布が拡大しないよう見守られています。

ワンポイント情報

バラスト水とは？

たくさんの荷物を積む船は、荷物が少ないと水面から浮き上がりすぎてしまい、バランスが悪くなります。それをふせぐため、船底に海水を入れたり出したりして浮力を調整しています。この浮力調整につかわれる海水を「バラスト水」といいます。

バラスト水の取りこみ口にはフィルターがありますが、貝やエビの幼生のような小さな生きものまでは取りのぞくことができません。そのため、バラスト水にまじったさまざまな生物が港から港へと運ばれて、外来生物となってしまうのです。

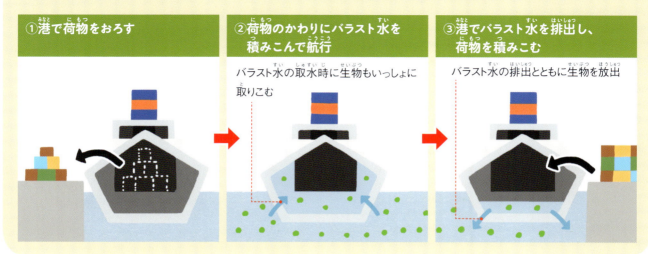

①港で荷物をおろす

②荷物のかわりにバラスト水を積みこんで航行
バラスト水の取水時に生物もいっしょに取りこむ

③港でバラスト水を排出し、荷物を積みこむ
バラスト水の排出とともに生物を放出

25

11 わたしたちにできること

ここまで見てきてわかるように、外来生物の問題というのは、もともと人間のおこないに原因のあったものがほとんどです。こうしたことをくりかえさないため、わたしたちにできることにはどんなことがあるのでしょうか。

もちかえらない

休みの日に、魚釣りや昆虫採集を楽しむ人は少なくありません。しかし、グリーンアノール*など、美しい生きものを旅行先の小笠原諸島や沖縄島でつかまえても、むやみにもちかえらないようにしましょう。

もちかえったあとのことをよく考えれば、やっぱり飼えないとわかるはずです。

家からはなれたところでつかまえた生きものを、家の近くで放してしまうと、国内外来生物になってしまうということをわすれてはいけません。

* 外来生物の小型のトカゲ（→2巻p23）。

旅行先でつかまえた生きものを、もちかえらないようにしよう。

捨てない

　ペットショップで売られているボールパイソンなど、きれいなもようをもつヘビを飼う人もいますが、生きものを飼いはじめたなら、絶対に捨ててはいけません。それは、日本国内でつかまえて飼育するようになった生きものも同じです。本来はそこに生息していない生きものを放してしまうと、生態系をみだしてしまい、だれも予想できなかったような問題が起きることもあります。とくに水辺の生きものは、もともとの分布域がかぎられているものが多いため、注意が必要です。

> お店で買った生きものを、
> 野外に放したり、
> 捨てないようにしよう。

よく調べる

　ケヅメリクガメなどのように、長生きする生きものを飼う前には、どれだけ大きく成長するか、もともとどんなところでくらしていたのか、飼いやすいものなのか、といったことを調べるのはとてもたいせつです。

　すでに外来生物として定着してしまったものに対して、わたしたちにできることはほとんどありません。しかし、身の回りの外来生物や在来生物についてよく知り、観察していくことは、環境を守っていく上で重要なことなのです。

> 生きものについて学び、
> 正しい感覚と知識をもって
> 生きものと接しよう。

12 世界的に問題になっている外来生物

外来生物は日本だけの問題ではありません。
なかには、世界のいくつもの国で問題になっているものもいます。

世界の侵略的外来種ワースト100

世界の侵略的外来種ワースト100とは、世界的に見て悪い影響の大きい外来生物100種を、IUCN（国際自然保護連合）が選定したリストです。侵略的外来種ワースト100に選ばれているものは、生物多様性をおびやかす

ものや、人間の活動に被害をあたえるものが中心となっています。

リストのなかには、日本でも大きな問題になっているウシガエルやオオクチバス（ブラックバス）、カダヤシやニジマスのようなものもいれば、日本からもちだされて海外で問題となっている、ワカメやイタドリのようなものもあります。

分類群	世界の侵略的外来種ワースト100（和名）
ほ乳類	アカギツネ、アカシカ 特、アナウサギ ❶、イエネコ、オコジョ、カニクイザル 特、クマネズミ、ジャワマングース 特、トウブハイイロリス 特、ヌートリア 特、ハツカネズミ、フクロギツネ ❷ 特、ヤギ ❸、ヨーロッパイノシシ
鳥類	インドハッカ ❹、シリアカヒヨドリ、ホシムクドリ ❺
は虫類	ミシシッピアカミミガメ、ミナミオオガシラ 特
両生類	ウシガエル 特、オオヒキガエル ❻ 特、コキーコヤスガエル 特
魚類	ヒレナマズ（ウォーキングキャットフィッシュ）、オオクチバス 特、カダヤシ 特、カワスズメ、コイ ❼、ナイルパーチ、ニジマス、ブラウントラウト
昆虫類	アシナガキアリ、アノフェレス・クァドリマクラタス（ハマダラカの1種）、アルゼンチンアリ 特、イエシロアリ、キオビクロスズメバチ、キナラ・カプレッシ（オオアブラムシの1種）、コカミアリ 特、タバココナジラミ、ツヤオオズアリ、ツヤハダゴマダラカミキリ、マイマイガ ❽、ヒアリ 特、ヒトスジシマカ ❾、ヒメアカツオブシムシ
昆虫以外の節足動物	チュウゴクモクズガニ 特、ヨーロッパミドリガニ
軟体動物	アフリカマイマイ ❿、カワホトトギスガイ 特、スクミリンゴガイ、ヌマコダキガイ、ムラサキイガイ、ヤマヒタチオビガイ 特
その他の無脊椎動物	キヒトデ、セルコパジス・ペンゴイ（オオメミジンコ科の1種）、ニューギニアヤリガタリクウズムシ⓫ 特、ムネミオプシス・レイディ（ツノクラゲの1種）
維管束植物	アカキナノキ、アメリカクサノボタン、アルディシア・エリプティカ（ヤブコウジの1種）、イタドリ、エゾミソハギ、オプンティア・ストリクタ（ウチワサボテン属の1種）、カエンボク、カユプテ、キバナシュクシャ、キミノヒマラヤキイチゴ、ギンネム⓬、クズ⓭、クロモラエナ・オドラタ（キク科の1種）、サンショウモドキ、ストロベリーグアバ、スパルティナ・アングリカ（イネ科の1種）特、セクロピア、タマリクス・ラモシッシマ（ギョリュウ属の1種）、ダンチク⓮、チガヤ、ハギクソウ、ハリエニシダ、フランスカイガンショウ、プロソピス・グランドゥロサ（イネ科の1種）、ホザキサルノオ、ホテイアオイ⓯、ミカニア・ミクランサ（キク科の1種）、ミコニア・カルヴェセンス（ノボタン科の1種）、ミツバハマグルマ、ミモザ・ピグラ（オジギソウ属の1種）、ミリカ・ファヤ（ヤマモモ属の1種）、モリシマアカシア、ランタナ、リグストルム・ロブストゥム（イボタノキ属の1種）
維管束植物以外の植物	イチイヅタ、ワカメ
寄生生物	アファノマイセス病、カエルツボカビ、カビの一種の感染によるニレの疾病、牛疫ウイルス、クリ胴枯れ病、鳥マラリア、パイナップルの疾病、バナナ萎縮病ウイルス

特：2017年8月時点で特定外来生物に指定された生物。　　　　出典：IUCNホームページ（http://www.iucn.org/）をもとに環境省自然環境局が作成。

❶ アナウサギ

- ●大きさ：頭胴長35〜50cm
- ●本来の分布：ヨーロッパ（家畜）
- ●とくちょう：ペットとして飼われるカイウサギと同じ種。地中に巣穴をほってくらす。狩猟などを目的に移入されている。

❷ フクロギツネ（特定外来生物）

- ●大きさ：頭胴長35〜55cm
- ●本来の分布：オーストラリア
- ●とくちょう：木の葉や果実などを食べる有袋類。大きな爪と枝をつかむことのできる長い尾で木にのぼる。木にできた洞に巣をつくるが、都市部でビルの屋根うらなどにすむこともある。

❸ ヤギ

- ●大きさ：肩高＊約55cm
- ●本来の分布：中央アジア（家畜）
- ●とくちょう：パサンなどの野生ヤギを家畜化したもの。粗食に耐え、繁殖力が強い。食用として放されたものが野生化している。

❹ インドハッカ

- ●大きさ：全長23〜25cm
- ●本来の分布：アジア
- ●とくちょう：雑食性で、主に地上で植物の種子や昆虫などを食べるムクドリのなかま。ペットがにげだしたものが関東地方で繁殖した記録があるが、1990年代に入ってから繁殖は確認されていない。

❺ ホシムクドリ

- ●大きさ：全長21cm
- ●本来の分布：ヨーロッパ
- ●とくちょう：雑食性で、植物の種子や昆虫などを食べるムクドリのなかま。北アメリカやオセアニア、南アフリカなどにもちこまれたものが外来生物となっている。冬になると、西日本に少数がわたってくる。

❻ オオヒキガエル（特定外来生物）

- ●大きさ：体長8.8〜15.5cm
- ●本来の分布：アメリカ南部〜南アメリカ北部
- ●とくちょう：強い毒をもつ大型のヒキガエル。害虫駆除の目的で移入されたものが野生化している。暑さには強いが寒さには弱い。

＊ 肩高：肩までの高さ。

❼ コイ

- ●大きさ：全長100cm
- ●本来の分布：ユーラシア大陸
- ●とくちょう：雑食性の大型淡水魚。水のよごれに強く、都市部の川でも見られる。食用として輸入されたものが野生化している。

❽ マイマイガ

- ●大きさ：前翅長*25〜45mm
- ●本来の分布：ユーラシア
- ●とくちょう：ドクガのなかまで、ふ化したばかりの幼虫は毒針毛をもつ。北アメリカには人間によって移入され、大量に発生する幼虫がさまざまな植物の葉を食べつくしてしまい、問題になっている。

❾ ヒトスジシマカ

- ●大きさ：体長4〜5mm
- ●本来の分布：東アジア
- ●とくちょう：日本でもふつうに見るカ（蚊）。昼間に活動し、ふだんは花のみつや樹液を吸うが、産卵近いメスは、卵をつくるための栄養分を得るために動物の血を吸う。世界各地に分布を広げている。

❿ アフリカマイマイ

- ●大きさ：殻高約12cm
- ●本来の分布：東アフリカのサバンナ地帯
- ●とくちょう：世界最大級のカタツムリ。食用として世界各地に移入されたが、農業に被害をあたえることから問題となっている。

⓫ ニューギニアヤリガタリクウズムシ
（特定外来生物）

- ●大きさ：体長40〜65mm
- ●本来の分布：ニューギニア
- ●とくちょう：湿度の高い森林や草原の地上をはい回り、おもにカタツムリを食べている。日本では、琉球列島の6つの島と小笠原諸島の父島にいる。

⓬ ギンネム

- ●大きさ：高さ10m
- ●本来の分布：中央・南アメリカ
- ●とくちょう：日当たりのよい乾燥地に生え、さやに入った豆状の種子をつける。乾燥地の緑化や肥料、飼料用として移入されている。

⓭ クズ

- ●大きさ：茎の長さ10m
- ●本来の分布：東アジア
- ●とくちょう：成長の早いつる性多年草。秋に豆状の実をつけるが、球根でもふえることができる。飼料や園芸用に移入されている。

⓮ ダンチク

- ●大きさ：高さ2〜4m
- ●本来の分布：アジア
- ●とくちょう：アジアに広く分布し、日本では主に関東地方以西の沿岸部で見られる多年草。大きな株をつくるイネ科植物で、世界の亜熱帯などの川岸や湿地に侵入して問題になっている。茎は、クラリネットなどのリードや釣りざおの素材につかわれるなど、人間の生活に役立つ植物でもある。

⓯ ホテイアオイ

- ●大きさ：茎の高さ10〜150cm
- ●本来の分布：南アメリカ
- ●とくちょう：湖や川の水面に浮かぶ水草で、茎の一部がふくらんで浮き袋になる。観賞用にもちこまれたものが野生化している。

---

*　前翅長：チョウの前ばねの長さ。

さくいん

あ行

アナウサギ	28、29
アフリカマイマイ	28、30
アメリカザリガニ	5、10、11、15、23
アリゲーターガー	8
イタドリ	28
遺伝子の多様性	6、21
井の頭池	22、23
イノカシラフラスコモ	23
インドハッカ	28、29
ウシガエル	5、10、11、15、28
オオカナダモ	13
オオクチバス	4、6、28
オオヒキガエル	28、29
小笠原諸島	9、12、26、30
オタマジャクシ	11

か行

かいぼり	22、23
外来魚	8
殻高	14、30
カダヤシ	5、9、28
カミツキガメ	17
カワニナ	21
観賞用	8、12、30
ギンネム	28、30
クズ	28、30
クラムチャウダー	24
グリーンアノール	26
クロモ	13
毛皮	18、19
ケヅメリクガメ	27
検疫有害動物	14
ゲンゴロウ	11、15
ゲンジボタル	20、21
コイ	23、28、30

甲羅・さ行・た行・な行

甲羅	16、17
コクチバス	6、7
国内外来生物	21、26
コモチカワツボ	21

さ行

在来魚	8、9
在来生物	6、7、9、11、13、14、17、22、23、24、25、27
雑食性	9、11、29、30
仔魚	9
ジャンボタニシ	4、14
種の多様性	6、11
食用	6、8、9、14、24、25、29、30
水生昆虫	8、11、15
スクミリンゴガイ	4、14、15、28
生態系被害防止外来種リスト	9、11、25
生物多様性	6、28
世界の侵略的外来種ワースト100	28
絶滅	8、24
草食性	19

た行

タイリクバラタナゴ	9
タガメ	11、15
ダンチク	28、30
稚魚	9
天敵	7、11、17
頭胴長	19、29
特定外来生物	6、7、8、9、11、13、17、19、28、29、30
ナイルティラピア	9

な行

肉食性	8、15

ニ・ヌ・は行

ニジマス	9、28
二枚貝	24
ニューギニアヤリガタリクウズムシ	28、30
ヌートリア	4、18、19、28

は行

ハマグリ	24
バラスト水	24、25
ヒトスジシマカ	28、30
ヒメタニシ	14、15
フクロギツネ	28、29
ブラックバス	4、6、7、8、15、28
ブルーギル	4、8
ヘイケボタル	20、21
ボールパイソン	27
ホシムクドリ	28、29
ホタル	20、21
ボタンウキクサ	5、12、13
ホテイアオイ	28、30
ホンビノスガイ	24、25

ま行

マイマイガ	28、30
巻貝	14、21
マスクラット	19
ミシシッピアカミミガメ	16、17、28
水草	12、13、18、23、30
ミドリガメ	16
メダカ	9

や行

ヤギ	28、29

わ行

ワカメ	28

31

■監修

小宮　輝之（こみや　てるゆき）

1947年東京都生まれ。1972年に多摩動物公園の飼育係になり、日本産動物や家畜を担当。多摩動物公園、上野動物園の飼育課長を経て、2004年から2011年まで上野動物園園長をつとめる。主な著書に『くらべてわかる哺乳類』（山と渓谷社）、『ほんとのおおきさ・てがたあしがた図鑑』（学研プラス）、『Zooっとたのしー！　動物園』（文一総合出版）、『動物園ではたらく』（イースト・プレス）など、監修に『クイズでさがそう！　生きものたちのわすれもの（全3巻）』（偕成出版社）など多数。長年、趣味として動物の足型の拓本「足拓（あしたく）」を収集している。

■著

阿部　浩志（あべ　こうし）

1974年東京都生まれ。自然生物関係の専門学校の講師を経て、現在は図鑑や絵本などの編集・執筆をおこなっている。また、ナチュラリストとして各地で自然観察会の講師をつとめる。主な著書に『おでかけ　どうぶつえん』『おでかけ　すいぞくかん』（学研プラス）、監修に『小学館の図鑑NEO 新版 動物』『小学館の図鑑NEO 危険生物』付録DVD、『田んぼの一年』（小学館）、翻訳査読した『ミクロの森1m²の原生林が語る生命・進化・地球』（築地書館）など多数。

丸山　貴史（まるやま　たかし）

1971年東京都生まれ。ネイチャー・プロ編集室勤務を経て、ネゲブ砂漠にてハイラックスなどの調査に従事。現在は図鑑などの編集・執筆・校閲をおこなっている。編集に『世界珍獣図鑑』『コウモリ観察ブック』（人類文化社）、執筆に『ざんねんないきもの事典』（高橋書店）、『プチペディアブック にほんの昆虫』（アマナイメージズ）などがある。

■イラスト

向田　智也（むかいだ　ともや）

1972年神奈川県生まれ。保全活動をしている緑地、田んぼや畑、森での作業など、里地里山の復元活動に参加するかたわら、日本人のくらしと自然をテーマに、日本ならではの自然を絵と文で表現している。主な著書に『田んぼの一年』『雑木林の一年』『畑の一年』（小学館）がある。

■編集・デザイン

こどもくらぶ（石原尚子、矢野瑛子）

■企画・制作

（株）エヌ・アンド・エス企画

■写真協力

石井克彦
小宮輝之
東京都西部公園緑地事務所
古谷愛子
山田隆彦
ruderal inc.
©Oleksandr Lytvynenko | Dreamstime

■取材協力

阿部万純
（井の頭自然文化園 教育普及係）
東京都西部公園緑地事務所

外来生物はなぜこわい？③
水辺の外来生物

2018 年 2 月 25 日　初版第 1 刷発行
2025 年 2 月 25 日　初版第 3 刷発行

〈検印省略〉

定価はカバーに表示しています

監 修 者	小 宮 輝 之
著 者	阿 部 浩 志
	丸 山 貴 史
発 行 者	杉 田 啓 三
印 刷 者	岡 沢 宏 和

発行所 株式会社 ミネルヴァ書房
607-8494 京都市山科区日ノ岡堤谷町1
電話 075-581-5191／振替 01020-0-8076

©Abe Koushi・Maruyama Takashi, 2018　印刷・製本 TOPPANクロレ株式会社

ISBN978-4-623-08174-5
NDC460/32P/27cm
Printed in Japan

外来生物はなぜこわい？

全3巻

小宮 輝之 監修
阿部 浩志　丸山 貴史 著　向田 智也 イラスト

27cm　32 ページ　NDC460
オールカラー　小学校中学年〜

❶ 外来生物ってなに？

❷ 陸の外来生物

❸ 水辺の外来生物